Wienys 1. Kinderbuch: „Wunderwelt Gehirn" kann ich verantwortungsvollen Eltern und Pädagoginnen nur wärmstens ans Herz legen. Wiens Sagenerzähler und „Märchendoc" Reinhard Stöhr (WIENY) nimmt den Kindern in diesem Buch die Angst vor „schlechten Noten" und ladet sie durch sagenhafte Experimente ein, die Basis allen Lernens und auch der Gesundheit – „unser Gehirn" – kennenzulernen. Wie immer – „WIENY" zum Mitlernen, Mitlachen, Mitspielen, Mitgruseln . . .

SONJA KLIMA
Pädagogin

Die Texte in diesem Buch entsprechen
der neuen Rechtschreibung
1. Auflage
CIP-Titelaufnahme der Deutschen Bibliothek
Wunderwelt Gehirn
Autor: Reinhard Stöhr
Illustrator: Thomas Kleinberger
Lektorat: Dr. Irene Kunze
Reihe: Neue Lernmethoden
Alle Rechte vorbehalten, auch die des auszugsweisen Nachdrucks,
der fotomechanischen Wiedergabe,
der Übersetzung und der Übertragung in Bildstreifen, vorbehalten.
© Copyright 1997 by Verlag HÖLDER-PICHLER-TEMPSKY, Wien
ISBN 3-7004-3754-4

Reinhard Stöhr   Thomas Kleinberger

Wunderwelt Gehirn

Eine geheimnisvolle Reise
mit Experimenten, Quizfragen und Tips

hpt

Der Wunderbaum

Seit dieser Zeit konnte er sich immer mehr entwickeln. Nun ist unser Freund schon sehr, sehr alt und weiß sehr viel. Er ist viel intelligenter als ein Computer und isst am liebsten Schulbücher mit vielen Bildern dazu. Ja - unser Wunderbaum lernt sehr gerne. So einfach ist „BaumSCHULE".

Dieser geheimnisvolle Wunderbaum ist dein Gehirn - DAS GRÖSSTE ABENTEUER ALLER ZEITEN!

Male die vier Hauptteile gleich an!

Es war einmal ein geheimnisvoller Wunderbaum. Mit seinen Äpfeln konnte er DENKEN, LACHEN und UNSINN machen. Die Rinde des Wunderbaumes konnte SEHEN und HÖREN. Seine vielen kleinen und großen Äste nahmen oft schaurige Geschichten auf und leiteten sie an bestimmte Teile des Baumes weiter.
Eines Tages kamen böse Menschen vorbei und wollten den Baum umsägen.
Doch unser Apfelbaum lief davon.

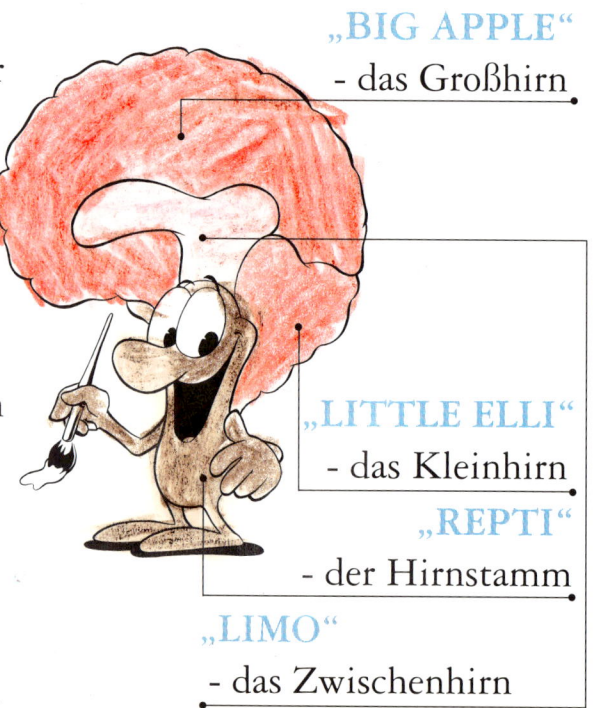

„BIG APPLE"
- das Großhirn

„LITTLE ELLI"
- das Kleinhirn

„REPTI"
- der Hirnstamm

„LIMO"
- das Zwischenhirn

Experiment

Vor dir liegt das weite Meer. Du bist mit einem Tretboot unterwegs. Allein. Plötzlich taucht vor dir eine Haifischflosse auf. Wie reagierst du?

Du denkst dir: „Was könnte ich unternehmen?"

Du begrüßt den Hai freundlich: „HAI, Kumpel, wie geht's?"

Du trittst in die Pedale und hast nur einen Gedanken: „FLUCHT!!!"

Schreibe hier auf, wie du reagieren würdest:

Ich trette in die Pedale und hab nur einen gedanken.. „Flucht!!!

Experiment

Deine Großmutter schickt dich in den Keller, um Marmelade zu holen.

Findest du wieder zu ihr zurück?

Coole Fragen

WER WAR ZUERST AUF DER ERDE - REPTI, DER HIRNSTAMM, ODER DU?
REPTI war zuerst auf der Erde - zB. das Krokodil-Gehirn.

Unser **Hirnstamm** ist der älteste Teil unserer Wunderwelt.

WAS MACHT DIE LIMO IM ZWISCHENHIRN?
In deinem **Zwischenhirn** befindet sich nicht nur das Steuerungszentrum für angeborene Bewegungsabläufe, sondern auch die **Überwachungsstelle** für die Regelung deiner **Körpertemperatur**, für deinen **Blutdruck**.

Auch die Welt der **Angstgefühle, Liebesgefühle, Zorngefühle** usw. ist hier zu finden.

IST DAS GEHIRN DES MÄCHTIGEN KROKODILS SCHWERER ALS DEINES?
Nein. Dein Gehirn ist schwerer. Es wiegt im Durchschnitt beim Erwachsenen bis zu 1 1/2 kg, während das 150 kg schwere Krokodil nur 10 - 15 g Gehirn hat.

WENN DEIN PAPAGEI LI NACHTS EINEN RAUBFLUG IN DIE KÜCHE UNTERNIMMT, WER HILFT IHM DABEI, DASS ER GENAU AM KUCHEN LANDET?
LITTLE ELLI, dein **Kleinhirn**. Es ist für das Zusammenspiel der **Bewegungen** zuständig.

WARUM IST BIG APPLE, DEIN GROSSHIRN, BEI DEINEN SCHULARBEITEN SO WICHTIG?
In deinem **Großhirn** befinden sich alle deine **Lerntechniken** und dein **Gedächtnis**.

Auch deine Wahrnehmungen und Empfindungen sind hier zu Hause.

Das goldene Netz

Die kleine Spinne NERVZELL ist Dauergast im Wunderbaum. Doch leider ist sie heute krank. Kannst du für NERVZELL zwischen den Ästen des Wunderbaumes ein goldenes INFO-NETZ spinnen?

Es geht ganz einfach. Du musst nur die Zahlen 1 - 20 mit einem Filzstift miteinander verbinden.

LOS GEHT'S!

NERVZELL ist für den INFORMATIONSAUSTAUSCH und das LERNEN zuständig. Sie reizt uns, und wir reagieren.

Würdest du zum zweiten Mal auf eine heiße Herdplatte greifen, nachdem du dich beim ersten Mal verbrannt hast? Wahrscheinlich nicht. Du hast ja beim ersten Mal gelernt - und reagierst nun automatisch: Du greifst nicht mehr auf eine heiße Herdplatte.

Die Spinne NERVZELL ist die Spezialistin für die Arbeitsbereiche
Informationen aufnehmen -
Informationen vorbereiten -
Informationen abgeben.
Mit Hilfe ihres goldenen Netzes fängt sie zum Beispiel BILDER, KLÄNGE und GEFÜHLE auf.

Damit keine Botschaft verloren geht, hat sie einen Helfer, Herrn AXON.

Seine Aufgabe besteht in der Informationsabgabe, und er sieht aus wie eine Straße, über die Botschaften blitzschnell ins Gehirn flitzen können.

Das Nervennetz hat noch eine zweite Aufgabe: Es behält **WICHTIGE INFORMATIONEN** und lässt Uninteressantes einfach durchrutschen.
Zurück zur heißen Herdplatte: Als du dich damals verbrannt hast, wurde diese Information in deinem Gedächtnis gespeichert - für immer.
Das Gedächtnis hat die Aufgabe, frühere Erlebnisse wieder zu erkennen.

ES FUNKTIONIERT WIE DEIN COMPUTER:

Dabei hat dein Gedächtnis nicht nur einen Speicher, sondern zwei:
Das **LANGZEITGEDÄCHTNIS (LZG)**
und das
KURZZEITGEDÄCHTNIS (KZG).

Die Geschichte mit der Herdplatte und was du dabei gelernt hast, rutscht ins **LZG** - es interessiert dich brennend, immer wieder.

Was du z.B. gestern im Fernsehen gesehen hast, gelangt ins **KZG** - es ist für dich weniger interessant und wichtig.

Experiment

Ort:
Im Turnsaal, Freizeitraum
Du benötigst:
1-2 Turnmatten
So funktioniert es:
- Stell dich vor die Matte aufrecht hin.
- Lass dein Körpergewicht vorsichtig und langsam nach vorne fallen.

WAS PASSIERT?

Ich schätze, du wirst an einem bestimmten Punkt ankommen, wo deine Beine oder deine Hände dich automatisch vor Verletzungen beim Hinfallen schützen.

Bist du schon einmal beim Radfahren niedergefallen?
Vielleicht hast du dich beim ersten Mal sogar leicht verletzt. Auf alle Fälle hat dein Gehirn dabei gelernt, in Zukunft „RETTUNGSMASSNAHMEN" zu ergreifen.
Denn aufgeschürfte Kniescheiben tun zwar auch weh, aber eine Platzwunde am Kopf ist wohl ärger!

Coole Fragen

WAS IST EIN NERV?

Ein Beispiel, das du sicher schon einmal erlebt hast:
Du sitzt beim Zahnarzt. Soeben hat er dir ein kleines Loch ausgebohrt. Um zu testen, ob dein Zahn sonst in Ordnung ist, reizt dein Zahnarzt mit kühler Luft deinen Nerv.

Kannst du jetzt die Reaktionen deines Nervs empfinden?
Also, wenn dich etwas reizt, sind **strangartige, dünne Fäden** dafür zuständig. Diese Fäden leiten Reize (z.B. Schmerz) durch deinen Körper. Wenn du überreizt bist, dann bist du nervös. Deine Nerven leiten aber auch Impulse weiter – z.B. an deine Muskeln, um sich zu bewegen!

WO LIEGEN DIE NERVENZENTREN?

Sie wohnen in deinem **Gehirn** und in deinem **Rückenmark**.

WER SAGT UNSEREM GEHIRN, DASS ES Z.B. KALT IST?

Die **Nerven**.

WIE VIELE NERVENZELLEN ARBEITEN IN UNSEREM GEHIRN?

Die Wissenschafter schätzen, dass es **hunderte Milliarden** Nervenzellen sind.

Abenteuerapfel

Wir starten gleich mit einem

Experiment

Du benötigst:
1 Apfel, deine Hände und viel Kraft, 1 Papierstreifen

So funktioniert es:
Brich deinen Apfel in zwei gleiche Hälften.
Verbinde mit dem Papierstreifen die linke und die rechte Hälfte.
SUPER!

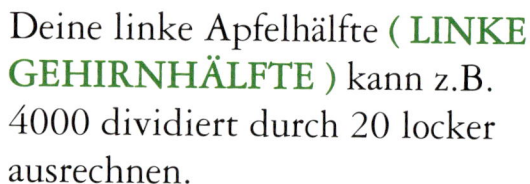

Deine linke Apfelhälfte (LINKE GEHIRNHÄLFTE) kann z.B. 4000 dividiert durch 20 locker ausrechnen.
Deine rechte Apfelhälfte (RECHTE GEHIRNHÄLFTE) hört sich lieber den Gesang der Vögel an.

Doch beide Apfelhälften (GEHIRNHÄLFTEN) können zu einem Team werden.

Experiment

„Fremdes Wort besser lernen"
Du benötigst:
1 Blatt Papier, 1 Bleistift
So funktioniert es:
Du liest in deinem Buch das Wort „GEIGENKASTEN".
Da steht folgender Satz:
„Gestern waren wir mit Egon im Möbelgeschäft, um uns einen Geigenkasten zu kaufen."
Dein Gedächtnis fragt:
Was ist ein GEIGENKASTEN?
Eine Geige kenne ich. Also eine Geige voller Kästen? Oder ein Kasten voller Geigen?

Wie sollst du diesen Satz verstehen, wenn du dieses Wort noch nicht gespeichert hast?
Es ist für dich ein Fremdwort.

So kannst du es dir merken:
a) Lies das Wort laut und deutlich:
„GEIGENKASTEN"
- deine LINKE GEHIRN - HÄLFTE arbeitet mit!

b) Nimm dein Blatt Papier und den Bleistift und zerlege in Bilder GEIGE - N - KASTEN - deine **RECHTE GEHIRN-HÄLFTE** arbeitet mit.
Schau zum Schluss noch im Wörterbuch nach, was ein GEIGENKASTEN wirklich ist. Er hat nämlich überhaupt nichts mit Möbeln zu tun, und der Satz in deinem Buch war Unsinn.
SUPER! Du hast mit deinem ganzen „Denkapfel" gelernt.

Experiment

„Lernabenteuer"
Vokabeln lernen macht nur dann wirklich Spaß, wenn du deinen ganzen Apfel (dein ganzes Gehirn) verwendest.
Stell dir vor, morgen sollst du etwas lernen, was dir überhaupt keinen Spaß macht.
Wo du schon aus Erfahrung weißt, du kannst es dir einfach nicht merken.

Du benötigst:
einen Walkman, Kopfhörer, ein Bett, einen ruhigen Raum Musik, zum Beispiel von Mozart
So funktioniert es:
Nimm dein ungeliebtes Vokabelheft zur Hand.
Leg dich aufs Bett und lass dich von Mozart berieseln. Dabei liest du dir ganz locker die Vokabeln durch. Leg zwischendurch einmal eine kleine Musikpause ein.

Was passiert dabei in deiner Wunderwelt Gehirn?
LINKS speichert mit Hilfe des Balkens (Verbindung LINKS und RECHTS) die Wörter, **RECHTS** nimmt die Wörter gefühlsmäßig zur Musik passend auf. Das ist alles. Eines Tages wirst du im Radio zufällig dieses Musikstück von Mozart wieder hören. ZACK !
Da werden dir plötzlich Vokabeln in deine Gedanken schießen, auch wenn du schon längst erwachsen bist. Gerade durch diese Lernabenteuer - Übung kannst du jenen Teil (Papierstreifen), der deine linke und rechte Apfelhälfte (GEHIRNHÄLFTE) verbindet - man nennt ihn Balken (Brücke) - vor dem Verfall schützen.
Ohne deine Brücke - gibt's rechts eine Lücke!

P.S.: KEINE COOLEN FRAGEN!

Regenbogenzauber

Hast du schon einmal einen Regenbogen gesehen? Wie ist es nur möglich, dass selbst der Fotoapparat ohne unsere Augen ein NICHTS wäre???
Unser Wunderbaum kann mit seiner Rinde sehen, und dies wollen wir gleich testen.

Experiment

„Bau mit deinen Augen ein Haus"

Versuche, dieses Haus fertig zu bauen.

Experiment

„Was ist das?"

Ein Kelch?
Eine Vase?
Zwei Hexengesichter?

Experiment

„Was braucht dein Auge, um zu sehen?"

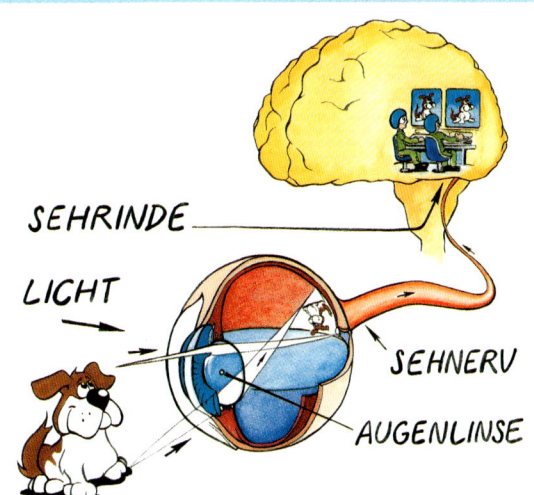

Die Lösung:
Du benötigst:
einen dunklen Raum,
einen Lichtschalter
So funktioniert es:
Gehe in den dunklen Raum.
Schalte das Licht ein.

Siehst du nun? Genau, dein Auge benötigt LICHT, um zu sehen.

Das LICHT leuchtet zuerst auf ein rundes, großes Fenster. Wenn du da durchblickst, siehst du auf deine AUGENLINSE. Sie ist für die SCHARFSTELLUNG des Bildes, welches du gerade siehst, zuständig.

Außerdem kann deine AUGENLINSE gewisse Dinge verkleinern.

Vereinfacht erzählt, geht nun die Bildinformation weiter über den SEHNERV in die SEHRINDE unseres Wunderbaumes.

Am besten, du siehst dir jetzt genau diese Zeichnung an, dann verstehst du auch Sehen.

Coole Fragen

WOHIN GEHÖREN DIE HINTERHAUPTLAPPEN?
Die **Hinterhauptlappen** sind ein wichtiger Teil des Großhirns (BIG APPLE). Sie werden auch **Sehrinde** genannt.

WAS GESCHIEHT IN DER SEHRINDE?
Hier werden die durch die **Augen** aufgenommenen optischen (erschauten) Informationen **weitergeleitet** und **verarbeitet**.

WARUM TRAGEN MANCHE SCHLANGEN BRILLEN?
Damit du weißt, wer gerade über deinen Beinen liegt: eine harmlose Blindschleiche oder eine giftige Brillenschlange.

WAS IST DIE WICHTIGSTE AUFGABE EINER SEHBRILLE?
Sie hilft deiner **Augenlinse**, Bilder besser zu sehen, und entlastet somit auch dein Auge.

Das Wunder Sprechen

Alle Babies dieser Welt haben eine einheitliche Geheimsprache. Weder du noch ich verstehen das gesprochene Wort. Babies sprechen vor allem mit ihren „Ohren". Ebenfalls Experten der Sprache sind gehörlose Menschen. Sie sind wahre Lippen-Lesemeister und -Meisterinnen! Sie können sich mit Hilfe ihrer Lippenbewegungen die lustigsten Witze erzählen.

Wir „Normalen" haben beim Ausfall einer wichtigen Sprechhilfe ärgste Probleme.

Experiment

Du benötigst:
Daumen und Zeigefinger,
deine Nase,
die Laute **N, M, NG**

So funktioniert es:
Halte dir mit Daumen und Zeigefinger die Nasenlöcher zu. Versuche jetzt, die Wörter SEMMEL, ACHTUNG und HENNE zu sprechen.

Hast du dabei Probleme?
Ich auch, denn diese sogenannten NASENLAUTE brauchen zum Klang den Hohlraum der NASENHÖHLE.
Ist sie jedoch verstopft, bringen wir diese Laute nicht heraus. Sprechen allein ist zu wenig, es muss auch nach etwas klingen. Dazu bedient sich deine Stimme mehrerer Hohlräume. Dein KEHLKOPF, dein RACHEN, deine MUNDHÖHLE, dein BRUSTKORB bringen deine Sprache erst zum Klingen. Aber ohne Tonbänder geht gar nichts.
Deine STIMMBÄNDER (2 Stück) befinden sich im KEHLKOPF.
Mit der ausfließenden Atemluft schwingen sie mit und erzeugen so den Ton deiner STIMME.

Experiment

Experiment für deine Stimmbänder

A - E - I - O - U -
ein Wolf bist du!
Das Heulen des Wolfes zählt zu den eindrucksvollsten Klängen der Tierwelt. Versuch's auch du mit A - E - I - O - U!

„Aaa!"

„Eee!"

„Iiiii!"

„Ooo!"

„Uuu!"

Coole Fragen

WARUM SPRECHEN BABIES VOR ALLEM MIT DEN OHREN?

Das Baby **reagiert auf Reize der Außenwelt**.
Hauptsächlich auf das, was es hört. Die Formulierung ist natürlich ein Scherz, aber dennoch. Sprechen lernen wir alle durch Hören - also mit unseren Ohren!

WAS BENÖTIGEN WIR UNBEDINGT, UM ÜBERHAUPT EINEN TON VON UNS ZU GEBEN?

Unseren **Atem**.

WIE FUNKTIONIERT DER „FLÜSTERTON"?

Unsere „Tonbänder" - die **Stimmbänder** - liegen weit auseinander. Dadurch vibrieren sie kaum, weil auch der Luftstrom nur langsam vorbeizieht.

WIE KANNST DU ZUM „SCHREIHALS" WERDEN?

Ganz einfach. Der **Lungendruck** kann so verstärkt werden, dass die **Luft** irrsinnig **rasch über die Stimmbänder** streicht.

Dies ermöglicht einen Schrei.

Himmlische Klangwerkstatt

Himmlisch hören,
fang gleich damit an!

Experiment

Du benötigst:
3 Gläser (groß, mittel, klein)

So funktioniert es:
Tupfe mit dem Bleistift vorsichtig auf die Glasränder.
Hörst du deine „himmlischen Klänge?"

Wie du bereits als Gehirnforscher weißt, kann dein Wunderbaum mit seiner **HÖRRINDE** auch hören.
Dazu wird ein hochkompliziertes Organ benötigt:
DEINE OHREN.

In deinen Ohren befindet sich noch ein ganz besonderer Sinn - dein **GLEICHGEWICHTSSINN**. Er verhindert nämlich, dass du im Stehen umfällst.

Wie kannst du nun deine himmlischen Klänge hören?
Dein **AUSSENOHR** bittet die Schallwellen deiner Klänge in das **MITTELOHR** einzutreten.

Hier angekommen, werden deine Klänge mit Hilfe der **GEHÖRKNÖCHELCHEN** lauter gedreht und anschließend verzaubert.

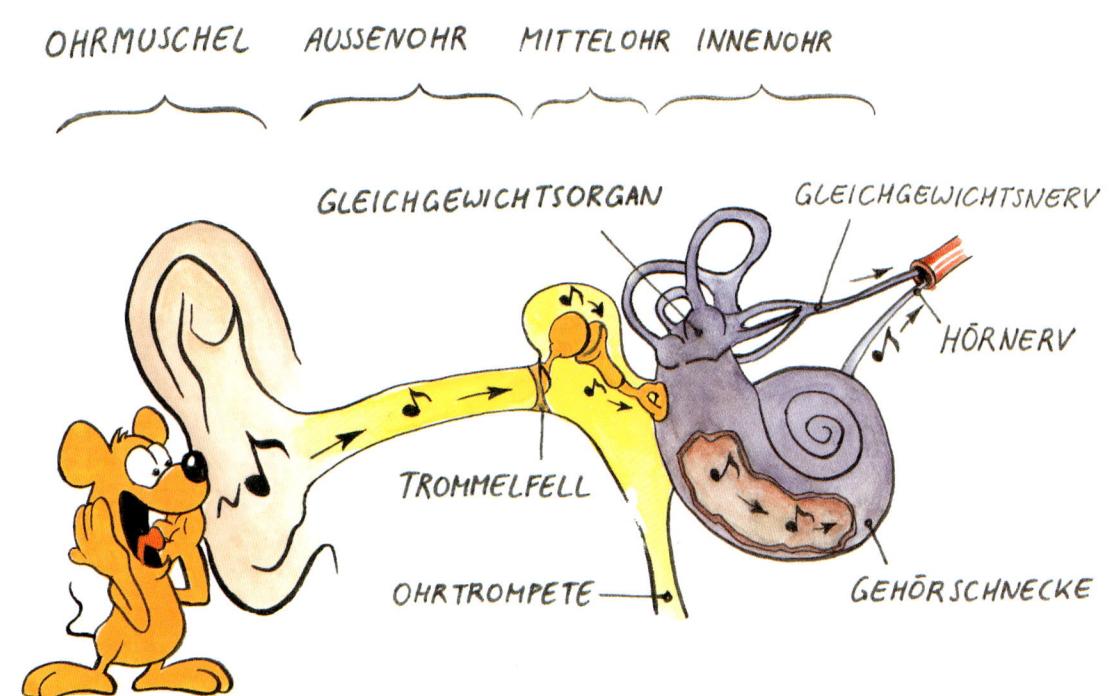

HOKUSPOKUSFIDIBUS - und schon sind deine Klänge in NERVENIMPULSE verwandelt und laufen in deinen Wunderbaum - in dein Gehirn.

Ist dir beim Liftfahren schon einmal so ein komisches Knacksen ins Ohr gekommen?

Oder wenn du auf einen Berg wanderst?
Auch bei einem Schnupfen kann dies vorkommen.

Ja? Super. Dann funktioniert deine OHRTROMPETE.

Sie gleicht in so einem Fall den entstandenen Druck aus -
KNACKS!
Alles O.K. im MITTELOHR.

Das Mittelohr wirst du vielleicht auch vom Kranksein kennen. Die MITTELOHRENTZÜNDUNG ist eine wirklich (meist) schmerzhafte Kinderkrankheit.

Fürs Lernen ist das Hören besonders wichtig. Denn ein Hörfehler könnte dir glatt eine ganze Schularbeit durcheinander bringen.
Der Film wird dann nämlich falsch gespeichert!

Coole Fragen

WAS FÜR EIN ORGAN IST DAS OHR?

Das Ohr ist ein **Sinnesorgan**. Hier wohnen der **Gehörsinn** und der **Gleichgewichtssinn**. Es ist auch ein „**Lern-Organ**" und deshalb sehr wichtig.

AUS WELCHEN TEILEN BESTEHT DAS AUSSEN-OHR, DER EMPFANGSTEIL?

Den Empfänger bildet die **Ohrmuschel**.
Der **Gehörgang** führt zum **Trommelfell**.

AUS WELCHEN BESTAND-TEILEN BESTEHT DAS MITTELOHR, DER VERSTÄRKUNGSTEIL?

Der Verstärker enthält drei **Gehörknöchelchen**:
- Hammer
- Amboss
- Steigbügel

Die **Ohrtrompete** dient dem Druckausgleich im **Mittelohr** (Knacksen!). Die **Gehörschnecke,** die sich im **Innenohr** befindet, ist die Wohnung von tausenden **Sinneszellen**, die mit dem **Hörnerv** verbunden sind.

IST EIN OHRWURM GEFÄHRLICH?

Solange das Musikstück nicht zu laut ins Ohr dröhnt, ist es sicherlich ein angenehmes Gefühl.

Wenn allerdings die **Hörempfindlichkeit** über 20. 000 Hertz (Messeinheit der **Hörempfindlichkeit**) überschreitet, kann es auf Dauer zu Hörschäden kommen.

Deshalb in der Disco immer „Ohrenschützer" tragen.
Ein dicker Bausch Watte in deinen Ohren ist besser als ein Ohrwurmangriff!

Honigmund

„Schmeckt's dir, mein Kind?"
„Nein, ekelig."

Solche oder ähnliche Mittagstischgespräche hast du sicherlich öfters schon erlebt. Meistens riecht auch komisch, was dann so grauenhaft schmeckt, stimmt's?

Experiment

Du benötigst:
einen Finger
ein Glas Honig

So funktioniert es:
Tauche deinen Finger ins Honigglas.
Stecke dir das köstliche Süß in den Mund.

NICHT SCHLUCKEN!!

WIE SCHMECKT HONIG?

SÜSS?

BITTER?

SALZIG?

SAUER?

Zurück zum Honig. Er bedeckt jetzt deine Zunge.
Auf deiner Zunge sind die Geschmacksknospen für das Schmecken zuständig.

Natürlich muss das Ganze vorher im Wunderbaum bearbeitet werden, dieses Mal in der Großhirnrinde
(GESCHMACKSINFO).
Dieser Lappen arbeitet übrigens ganz eng mit dem Schläfenlappen (GERUCHSINFO) zusammen.

Wie immer klappt dies sehr rasch, sonst würdest du zum „Schmecken eines Fingers voll Honig" zwei Stunden bis zum Hinunterschlucken benötigen.

Doch hier sei noch einmal wiederholt: Für das „Geschmacksbild Honig" gehört auch der Geruchssinn dazu.

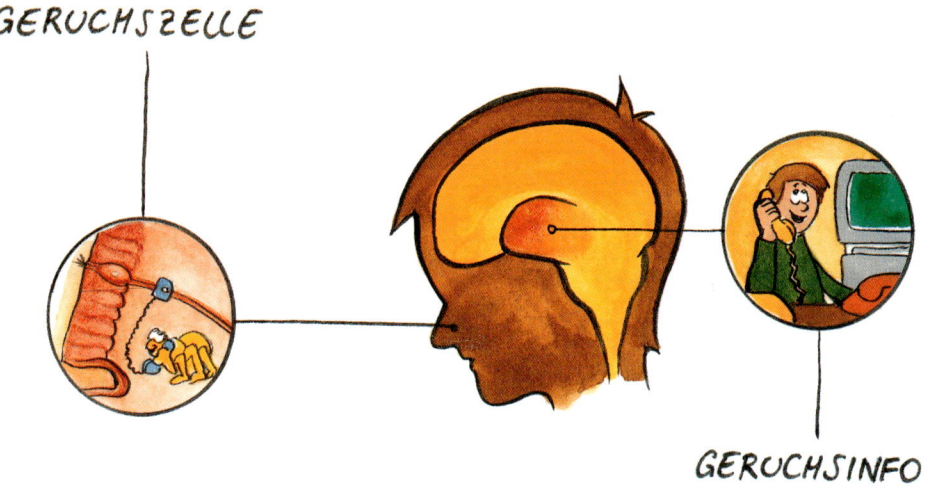

Denn selbst wenn dein Honig süß schmeckt, aber nach Fisch stinkt, würdest du ihn vermutlich sofort ausspucken. Stimmt's?

Coole Fragen

WELCHER DER FÜNF SINNE IST AM EINFACHSTEN AUFGEBAUT?
Der **Geschmackssinn**.

WAS IST SCHLIMMER: DER VERLUST DES GERUCHSSINNS ODER DES GSCHMACKSSINNS?
Natürlich ist es besser, keinen der beiden Sinne z.B. durch einen Unfall zu verlieren.
Doch ist der Verlust des **Geruchssinns** weitaus schwerer zu verkraften.

WIE VIELE GESCHMACKS-KNOSPEN WUCHERN AUF DER ZUNGENOBERFLÄCHE EINES ERWACHSENEN?
Die Wissenschaft spricht von **8500 bis 9000 Geschmacks-knospen**. Kein Wunder also, dass Schokolade durch „fast" nichts ersetzt werden kann.

WODURCH WERDEN SCHARFE SPEISEN AUCH ALS BESONDERS SCHARF EMPFUNDEN?
Zu stark gewürzte Speisen lösen einen **Schmerz-Reiz** der Zunge aus. Wer darauf verzichten kann, erhält sich seine Geschmacks-empfindungen bis ins hohe Alter!

Duftgarten

Tiere wären ohne den Geruchssinn arm dran, und wir wüssten nicht, wie gut ein Apfel riecht. Wir wollen dies gleich ausprobieren:

Experiment

Du benötigst:
1 Apfel, deine Nase

So funktioniert es:
Halte dir einmal das linke Nasenloch zu und rieche am Apfel. Halte das rechte Nasenloch zu und rieche am Apfel. Rieche mit beiden Nasenlöchern.
Wie riecht dein Apfel?

Noch immer birgt das Riechen ein Geheimnis in sich. Selbst die gescheitesten Wissenschafter stehen noch immer vor einem Rätsel, wie wir z.B. die Düfte voneinander so rasch unterscheiden können.
Ich finde es schön, dass es noch Geheimnisse gibt! Du auch?
Wie kannst du riechen?
Dein Wunderbaum hat vor Millionen von Jahren ein eigenes RIECHHIRN entwickelt.

Im Laufe der Entwicklung des Menschens hat sich in der Gesichtsmitte eine Kartoffel mit zwei Löchern gebildet - deine Nase. Ob lange Nase, Boxer-Nase oder schöne Nase, alle Düfte können hier hineinwandern.
Die RIECHSCHLEIMHAUT mit ihren Bewohnerinnen, den RIECHZELLEN, erwartet die Düfte. Diese Zellen können auch zaubern. Flugs - schon geht die Duftinformation ins RIECHHIRN!
ACHTUNG! Erst jetzt wird uns bewusst, wie ein Apfel wirklich riecht.
Du könntest den Wissenschaftern bei ihrer Arbeit über den Geruchssinn helfen:
Hast du dich schon einmal so richtig erkältet? Mit Halsweh, Schnupfen und so? Du hast sicherlich dabei etwas gegessen.

Ist dir irgendetwas aufgefallen? Vielleicht hat eine Erdbeere wie ein Stück Seife geschmeckt? Oder hat die Erdbeere nach Schweißfüßen gerochen?

Die Antwort: „Nach gar nix" oder „Nicht nach viel Erdbeere" wäre schon ein tolles Ergebnis.

Du hättest nämlich herausgefunden, dass der GERUCHSSINN irgendwie mit dem GESCHMACKSSINN verbündet ist. Es stimmt.

RIECHEN ist aber auch mit FÜHLEN verbunden.
Wenn es z.B. nach Zahnarzt riecht, erlebst du vielleicht noch einmal das Angstgefühl im Wartezimmer. Oder es riecht nach Fisch. Vielleicht erinnerst du dich plötzlich an dein Ferienlager am Meer.

Dein „innerer" Duftgarten zählt zu den größten Wundern im Gehirn, deshalb mein Tipp:
Jeden Tag mindestens 1-mal Riechpflege in der Natur.
Die Räume immer gut lüften!

Coole Fragen

MIT WELCHEM SINN IST DER GERUCHSSINN ENG VERBUNDEN?
Mit dem **Geschmackssinn**.
(Bei Erkältung riechst du nichts und schmeckst kaum etwas.)

WIE HEISST DIE HAUT IN DER NASE?
Die **Nasenschleimhaut**.

WIE ALT IST DAS SOGENANNTE RIECHHIRN?
Das **Riechhirn** gehört zu den ältesten Gehirnteilen.
Es ist **ein paar Millionen Jahre** älter als du.

HAT RIECHEN AUCH MIT BESTIMMTEN GEFÜHLEN ZU TUN?
Ja, bestimmte Gerüche werden oft mit Erlebnissen aus dem Gedächtnis verknüpft (Zahnarzt).

Gefühlsleben

Schon als Baby, wenn wir das erste Mal über einen Teppich krabbeln, wenden wir unseren TASTSINN an. Übrigens, kennst du das Kinderspiel „Blinde Kuh"?
Es wäre ideal, diesen Sinn so kennen zu lernen.

Experiment

Du benötigst:
eine Person, die nicht kitzelig ist,
ein zusammengefaltetes Kopftuch,
einen Raum, in dem sich nicht viele Hindernisse befinden

So funktioniert es:
Du bittest die Person, dir die Augenbinde anzulegen.
Die Person darf sich irgendwo im Raum aufhalten. Du musst sie durch deinen Tastsinn finden.
Vor allem solltest du ihre Augen, Ohren, und ihre Nase entdecken.

Erinnerst du dich noch an die himmlische Klangwerkstatt?
Was für ein Sinn, außer dem GEHÖRSINN, befindet sich noch im Ohr?
Der GLEICHGEWICHTSSINN.

Genau. Sonst würdest du ja einfach umfallen. SUPER!

Viele Muskeln deines Körpers telefonieren öfters mit den Nerven des HÖR- und GLEICHGEWICHTS-ORGANS.
Dein Rückenmark lauscht dabei immer mit.

Deshalb ist es oft so, dass du bei einer tollen Musik sofort mittanzen möchtest. Ist dir dies schon öfters passiert?
Du erinnerst dich noch an dieses Wartezimmer mit dem Geruch nach Zahnarzt?
Auch hier war Riechen - also der GERUCHSSINN - mit dem GEFÜHLSLEBEN verbunden.

Langsam erkennst du, dass dein Wunderbaum durch seine vielen Äste vernetzt ist, deine Wunderwelt nur als Ganzheit optimal funktionstüchtig ist. **TASTEMPFINDUNGEN** kommen durch unsere kleinen Härchen zustande. Du hast sicherlich welche, z.B. auf deinen Unterarmen. Die Welt der Gefühle kannst du durch den öfteren Einsatz deiner rechten Gehirnhälfte pflegen!

Coole Fragen

IN WELCHEM GEHIRNTEIL BEFINDET SICH DIE GEFÜHLSLEBEN-STATION?

Im ZWISCHENHIRN.
Es besteht aus zwei Teilen:
dem THALAMUS und
dem HYPOTHALAMUS
Während der **Hypothalamus** für den gesamten Organismus überhaupt wichtig ist, ist im **Thalamus** das Empfinden aktiv; also, ob uns ein Schmerz wirklich schmerzt und ob es zum „Gefühlsausbruch" kommt oder nicht.

KÖNNEN ALLE MENSCHEN IHRE GEFÜHLE ZEIGEN?

Nein. Die Menschen unterdrücken ihre Gefühle, anstatt sie auszuleben. Falsche Vorurteile - wie z.B. dass Männer als Schwächlinge dargestellt werden, wenn sie weinen - führen dazu, dass Gefühle viel zu oft zurückgehalten werden.

KENNT EIN ECHTER INDIANER EINEN SCHMERZ?

Ja. Ein Indianer hat das gleiche Gehirn wie ein Engländer oder ein Österreicher.
Er empfindet genauso Schmerz. Ein Schrei (vor Schmerz schreien) kann oft eine kurzfristige Erleichterung verschaffen.
Das Zähne-Zusammenbeißen verschlimmert den Schmerz.

KÖNNEN GEFÜHLE GLÜCKLICH MACHEN?

Klar. Denk an deinen letzten Erfolg. Dein Zeugnis oder die schwere Prüfung, die du geschafft hast. Du warst die Beste deiner Klasse!

Auch das Gefühl, dass dich jemand sehr gern hat, ist schön und macht glücklich, oder?

Feentanz

Sei ganz leise, damit du die Feen bei ihrem Schreibtanz nicht störst.
Die kleinen, zarten Feen tanzen am Himmel und schreiben fröhliche Geschichten in die Wolken.

Eine fantastische Lehrerin, die auch du kennst, hat ihnen das Schreiben beigebracht - natürlich auch das Fliegen.
LITTLE ELLI - die Kleinhirnoberfee hilft dir beim Trinken, beim Laufen, beim Schreiben und immer dann, wenn du dich bewegst.

Wahrscheinlich nicht, weil **LITTLE ELLI** dir das schon alles gelernt hat. Es funktioniert automatisch.

Experiment

Du benötigst:
ein Blatt Papier,
einen Bleistift,
deine Hand und
deine Finger

So funktioniert es:
Schreib auf das Papier deinen Namen oder zeichne etwas darauf.

Hast du nachgedacht, wie du deine Hand und deine Finger beim Schreiben oder Zeichnen richtig bewegen musst?

Experiment

Du benötigst:
ein Glas
Wasser,
deine Hände
und deine
Finger

So funktioniert es:
Greif nach dem Glas Wasser. Trink es aus!
Hast du, bevor du nach dem Glas gegriffen hast, überlegen müssen, wie dies funktionieren könnte? Oder kannst du es einfach?

Hast du schon einmal ein Auto zerlegt?
Na, dann weißt du ja, dass es einen Motor besitzt. Ohne Motor könnte sich das Auto nicht bewegen.

Auch in deinem Wunderbaum gibt es so einen Motor, der gemeinsam mit deiner Kleinhirnoberfee bestimmte Bewegungen erzeugt.
Deine Kleinhirnoberfee ist auch für die Spannung deiner Muskeln zuständig.

Erinnerst du dich noch an das goldene Netz? Hier trafen wir die Spinne NERVZELL.

Milliarden von NERVZELL-SPINNEN helfen LITTLE ELLI bei ihren täglichen Aufgaben.

Was isst du am liebsten?
Leckere Früchte oder Schokopudding? Spagetti oder Reisauflauf? LITTLE ELLI, deine Kleinhirnoberfee, isst am liebsten Sauerstoff.

Aber wo kann man Sauerstoff einkaufen?
Ganz einfach. Du bewegst dich täglich mindestens eine Stunde in freier Natur und frischer Luft.

Wenn du lernst, solltest du öfter das Fenster öffnen und ordentlich durchatmen und dich viel bewegen, O.K.?

Coole Fragen

WIE NENNT MAN DIE KÖRPERBAUSTEINE?
Zellen. Die **Zellen** sind die kleinste Lebenseinheit des Körpers (Organismus).

WAS VERSTEHEN WIR UNTER MUSKELN?
Es sind fleischige **Teile deines Körpers, die durch Zusammenziehen oder Erschlaffen Bewegungen erzeugen** - z.B. Gähnen. Ein Muskel hat auch einen Ton. Er klingt angespannt oder entspannt.

WARUM KÖNNEN WIR NICHT SO LANGE UNTER WASSER BLEIBEN, WIE WIR LUST DAZU HABEN?
Unser Gehirn braucht zum Leben **Sauerstoff**.
Dieses Gas kannst du nicht schmecken und nicht riechen.

NEUE LERNMETHODEN BEI HÖLDER-PICHLER-TEMPSKY

Erich Ballinger
Lerngymnastik 1 und 2
Bewegungsübungen für mehr Erfolg in der Schule
ISBN 3-7004-0231-7
ISBN 3-7004-0384-4

Erich Ballinger
Alex mit den rosa Ohren
Bewegungsübungen für Kinder im Kindergarten- und Vorschulalter
ISBN 3-7004-0279-1

Renate Feuerlein
Die drei kleinen Gespenster
ISBN 3-7004-3596-7
Timo und das Dschungeläffchen
ISBN 3-7004-0981-8
Ronni, der Roboter
ISBN 3-7004-3723-4

Leopold Maurer
Damit ich dich besser sehen kann
Übungen zum Verbessern der Sehleistung normalsichtiger Kinder
ISBN 3-7004-3599-1

Hanni Rützler
Da beiß ich 'rein
Natürlich gesund essen. Geschichten für Kinder und Tipps für Eltern für eine lustvolle, gesunde Ernährung
ISBN 3-7004-3722-6

Erwin Brecher
Die IQ-Olympiade
Training für IQ-Tests für junge Menschen
ISBN 3-7004-3627-0